我的第一本科学漫画书

热带雨林历险记 ⑩

冲出螳螂谷

图书在版编目（CIP）数据

冲出螳螂谷 / (韩) 洪在彻著 ; (韩) 李泰虎绘 ; 苟振红译 .
-- 南昌 : 二十一世纪出版社 , 2013.9（2021.7 重印）
（我的第一本科学漫画书 . 热带雨林历险记 ; 10）
ISBN 978-7-5391-8612-2

Ⅰ . ①冲… Ⅱ . ①洪… ②李… ③苟…
Ⅲ . ①昆虫 – 少儿读物②动物 – 少儿读物 Ⅳ . ① Q96–49 ② Q95–49

中国版本图书馆 CIP 数据核字 (2013) 第 088896 号

版权合同登记号 14-2013-197

我的第一本科学漫画书
热带雨林历险记 ⑩ 冲出螳螂谷　　[韩] 洪在彻 / 文　[韩] 李泰虎 / 图　苟振红 / 译

出 版 人	刘凯军
责任编辑	李　树
美术编辑	陈思达
出版发行	二十一世纪出版社集团
	（江西省南昌市子安路 75 号　330025）
	www.21cccc.com　cc21@163.com
承　　印	江西宏达彩印有限公司
开　　本	787mm×1092mm　1/16
印　　张	11
版　　次	2013 年 9 月第 1 版
印　　次	2021 年 7 月第 20 次印刷
书　　号	ISBN 978-7-5391-8612-2
定　　价	35.00 元

赣版权登字 -04-2013-376　　版权所有·侵权必究
（凡购本社图书，如有缺页、倒页、脱页，由发行公司负责退换。
服务热线：0791-86512056）

我的第一本科学漫画书

热带雨林历险记 ⑩

冲出螳螂谷

［韩］洪在彻/文
［韩］李泰虎/图
苟振红/译

21 二十一世纪出版社集团
21st Century Publishing Group

"哇，还有这么高的树啊？"

发出这种感慨，是初次前往婆罗洲热带雨林考察时。乘着船沿江而下，迎面而来的浩瀚雨林，令我惊得一时合不拢嘴。参天的雨林比城市里的摩天大厦还要高，枝繁叶茂，遮天蔽日。眼见这壮观的景色，想到雨林中繁衍生息着许多人类连名字都不知道的生物，不由得赞叹自然的神秘与伟大。

热带雨林可谓是地球的肺。热带雨林制造的氧气几乎占地球全部氧气量的一半左右；假如热带雨林消失了，二氧化碳将导致全球变暖，地球的气温就会持续上升，直至令人类消亡。据统计，全世界一千万种动物中，有一半以上生活在热带雨林中。马来半岛仅五十万平方米的热带雨林中的植物种类比整个北美大陆的还要多。

热带雨林是未知的土地。人类对热带雨林还不及对月球了解得多，婆罗洲热带雨林的很多地方至今人类还未涉足。"热带雨林（Jungle）"一词源自古印度的梵文"Jangalam"，意为"未开垦的地域"。那里有形形色色的美丽花朵和奇形怪状的昆虫，有能够在天上飞的蛇，还有生活在树上的青蛙等。热带雨林中，有很多我们匪夷所思的动物自由、和谐地生活在一起。

刚进入热带雨林时，四周被参天大树包围得严严实实，根本分不清东西南北。置身其中，让人有一种莫名的恐惧，很怕遭到毒蛇或猛兽的突然袭击。有时我们甚至想，独自一人要在热带雨林中生存，是不是几乎不可能？

书中我们的主人公小宇、阿拉和萨莉玛由于意外的事件闯入了神秘而危险的热带雨林。在雨林中他们遇到了什么呢？他们能够战胜雨林中的各种艰险，成功地生存下来吗？小朋友，现在就和他们一起去发现和体验热带雨林的神秘吧！

洪在彻、李泰虎 2013 年 6 月

目　录

小宇

公认的最顽皮少年，所关心的只有吃。但面对危险时能一马当先，为了朋友们的安全不惧怕任何危险。特技是让人无语的肢体语言和幼稚无比的俏皮话。

"和这种小心眼的人同行，你不知道我有多么辛苦！"

萨利玛

为了寻找下落不明的哥哥而加入探险队，逐渐与来自城市里的伙伴们建立起了深厚的友谊。特技是挥舞木剑。

"假如猛兽把突变体全都杀掉的话，总有一天雨林会恢复正常的吧？"

阿拉

探险开始时还是个胆小谨慎的孩子，经历了各种危机后变成了比任何人都坚强的女战士。特技是打弹弓。

"突变体也会依照适者生存法则被自然淘汰。"

小明

被探险队从突变的塔兰托毒蛛的洞穴中救出，从此将自己的命运与探险队联系到了一起。特技是不逊色于电脑的渊博科学知识和棍术。

"由于突然变异，食物链被破坏了，好像完全变成了弱肉强食的世界。"

阿伦

萨利玛的哥哥，和部族的战士们深入雨林之中调查出现异常现象的原因，却被困在了螳螂群包围的营地里。带领营地里的幸存者进行大突围的指挥者。

博士

小明的爸爸，也是无国界医生组织的成员，来营地帮助原住民时受到了突变体的袭击。在制订和实施突围计划中发挥了很大的作用。

第 1 章　像树枝的螳螂

哟，这不是螳螂吗？

天哪！居然还有长得这么奇怪的螳螂！

吱吱

吱吱

我想起来了，那是马来树枝螳螂。

长得就像枯枝一样。

身体比其他的螳螂细长，体长可达 20 厘米，是世界上最大的螳螂之一。

世界上最大的?

怪不得看上去有些特别呢。

沙沙沙

吱吱吱

呼噜噜噜

呼噜噜

缩头缩脑

吱吱

吱吱

哇啊，看起来就像树枝在移动一样！

嘘，嘘！

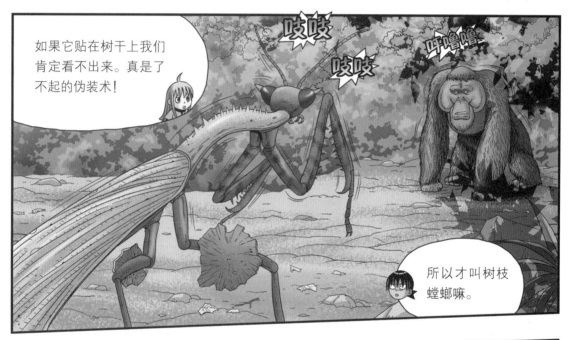

如果它贴在树干上我们肯定看不出来。真是了不起的伪装术！

吱吱

吱吱

呼噜噜

所以才叫树枝螳螂嘛。

看来是两只一起上的，但另一只已经死了。

就算基因突变让它们的个头增大了许多倍，但要和雄猩猩对决可不是件容易的事……

啪 啪 啪 啪

啪 啪 啪 啪

嗖 嗖 乒 沙 沙

哇啊,好厉害!一击命中啊!

我以为猩猩性情温顺行动迟缓,看来不是那样啊!

当然了。

你一定是看惯了猩猩温顺的样子,可你不知道,不论从力量、瞬间爆发力还是持久力来看,猩猩绝对不弱。

而且猩猩经常爬树,手劲儿特别大,一旦被它抓住就完蛋了。

嗨!

另外一只树枝螳螂的尸体碎成很多块就是这个原因。

原来猩猩是这么恐怖的动物啊!

成年男子的臂力约为50千克，而雄猩猩则是193千克，大约是人类的4倍。

而且雄猩猩的体重接近90千克，螳螂的体重和它没法比啊。

裁判，这体重等级也差太大了吧。

来这边！

重量级

赶紧比吧。

吱吱吱

摇晃

摇晃

哇，被打倒了又勇敢地站起来了！

哇，要逃跑吗？

呼噜噜

咣咣咣咣

吱吱

是不是肚子太饿了?

啊,不是就算了。

啧啧。

啪 pep pep

螳螂在面对比自己大且强的对手时,为了使自己看起来更有威慑力,会摆出这样的威胁姿势。

虽然是虚张声势,不过它们转换成捕获姿势的速度相当快。

有种就过来试试!

乒乒

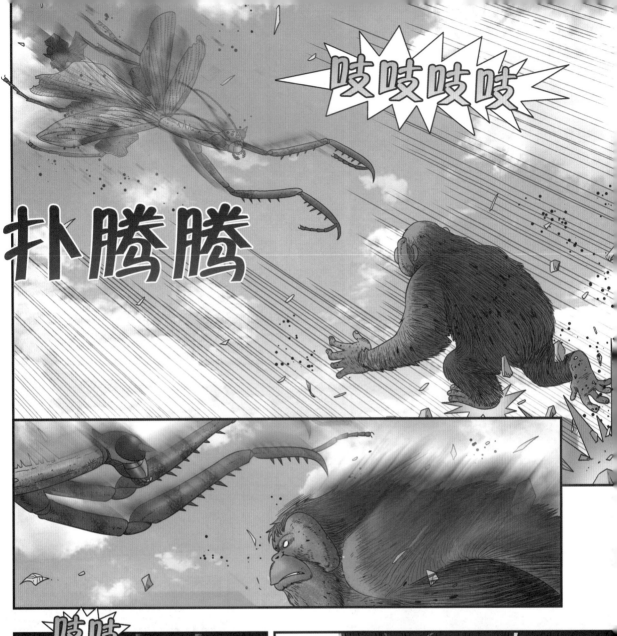

阿拉，现在我看到希望了。

什么希望？

螳螂是最厉害的昆虫，但猩猩还是把变异的螳螂杀掉了。

假如猛兽把突变体全都杀掉的话，总有一天雨林会恢复正常的吧？

哎呀，这刺还真长啊。

看这些尖锐的刺，被它们刺中会一命呜呼吧。

捅
捅

一，

二……

五、六……

阿拉，现在我知道螳螂为什么会贸然攻击猩猩了。

为什么呢？

这只是雌螳螂。为了准备产卵，就算是豁出性命它也要摄取营养吧。

你说是因为要产卵了？

嗯。

那我预想的是对的！

不过你怎么知道它是雌的呢？

看腹部就知道。雌螳螂有六个腹节，雄的有八个。

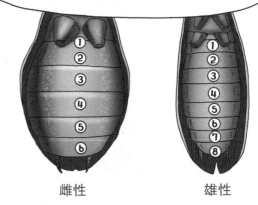

而且雌螳螂的腹部更大更鼓。因为它们一次能产 200 多枚卵。

雌性　　　　　雄性

能产那么多吗？要是到处都是这种怪物的幼虫，想想都觉得恐怖。

那它已经完成交配了吗？

还没有。

因为雌螳螂一完成交配就会立即产卵。

美男子在哪里呢？

我看你不是想找美男子丈夫，而是想要一顿美餐吧。

不过等一下！这周围看不到任何动物的影子，说明螳螂不是一两只。营地那里会不会也有呢？

我也这么想。

呜，真是万幸。

我突然有种不祥的预感，我们快去营地看看吧。

知道了。

就是那座小山！马上就要到了。

终于爬到山顶了。

在哪边来着?

呼 呼

燃烧的味道?

那是什么呀?

啊!

马来树枝螳螂

螳螂的身体扁平且细长，三角形的小头可以前后左右自由转动。眼睛位于头部的正前方，可视角度能达到 300 度。螳螂有两只复眼和三只单眼，视力绝佳，非常有利于捕猎，就算是很小的动静也逃不过它们的眼睛。螳螂的前腿有些像带有尖刺的镰刀，适合抓捕昆虫、青蛙、鸟，甚至小蛇等猎物。有意思的是，螳螂只吃活的生物，把死的昆虫放到螳螂面前它们是不会吃的，但把死的昆虫吊起来在它们眼前晃动的话，螳螂则会主动捕食。

三角形的螳螂头部

捕获姿势与威胁姿势

螳螂将前腿收起来摆出想捕捉食物的捕获姿势。这种姿势有利于迅速地伸开前腿制住猎物。相反，前腿放松并张开则是威胁对方的姿势。在发火或遇到比自己强大的对手时，这种姿势可以让自己看起来更强大，翅膀上有斑纹的螳螂此时也会展开翅膀吓唬对手。

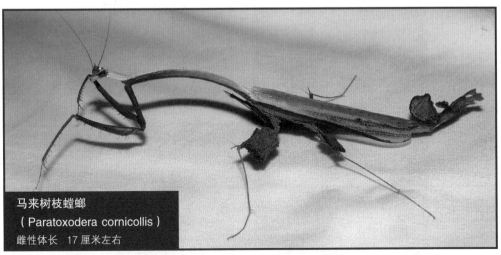

马来树枝螳螂
（ Paratoxodera cornicollis ）
雌性体长　17 厘米左右

世界上最长的螳螂　马来树枝螳螂是树枝螳螂中最长的，其栖息地是婆罗洲和爪哇岛。

强壮的长臂雄猩猩

以巨大的胸囊为象征的雄猩猩

猩猩在动物分类学上属于脊椎动物门哺乳纲灵长目人科猩猩亚科。雄猩猩最高可达 150 厘米，体重可达 90 千克。它们的手臂特别长，可以够到脚踝，双臂伸直的长度有些甚至超过 2 米。完全成熟的雄猩猩颈部到胸部悬挂着巨大的胸囊。包括猩猩在内的大猩猩、黑猩猩和倭黑猩猩等类人猿和人类一样，拇指可以和另外四个手指对捏，能自由移动手指并握紧物体。由于它们在树上生活，所以臂力很大。一般人类成年男子的臂力为 50 千克，女子为 31 千克左右，可块头最小的倭黑猩猩也拥有比人类大两倍以上的臂力。

雄大猩猩
臂力
326 千克

雄猩猩
臂力
193 千克

雄黑猩猩
臂力
129 千克

雄倭黑猩猩
臂力
103 千克

多种类人猿的臂力比较

第2章　琴步甲

发生什么事了?

整个村子都着火了吗?

不是整个村子,好像只有两栋长屋和营地驻扎的地方火比较大。

啪啪

啪

啪

从火焰和烟雾来看,好像是离江边较近的长屋着火了。

不过村里其他地方也有烟雾,为什么?

因为不小心失火的吧,长屋都是用木头搭成的。

当然有这种可能。

但我不这么想。

就算长屋的火是不小心引起的，但你们看村里还有许多地方在冒烟，很难让人相信是简单的事故。

难道有人故意放火？可为什么呢？

我也不清楚。

反正肯定是发生了什么事，快点过去吧。

好的！

嘟嘟

那是什么？

嗯？

喂，你在那儿干什么呢？快跟上！

知道了……

一定不要有事啊……

果然是长屋着火了。

怪不得刚才会有那种不祥的预感。

啪啪

咦嘿

啪
啪
啪
啪

啊，是老鼠！

吓我一跳……

跑过来的是什么东西？速度还这么快！

怎么停下了？

发现什么了？

它们突然跳出来，把我吓了一跳。

啪啪啪啪

吱吱？

停止

哦，长得好像吉他啊？

真是什么奇怪的长相都有啊！

你说得对，这就是传说中的琴步甲（guitar beetle）。

正常大小的琴步甲只有 4~10 厘米，身体扁平，身体厚度仅有 0.5 厘米。所以，它们一般生活在树叶和树皮下，主要捕食小昆虫，在马来西亚和印度尼西亚的部分地区可以见到这种昆虫。

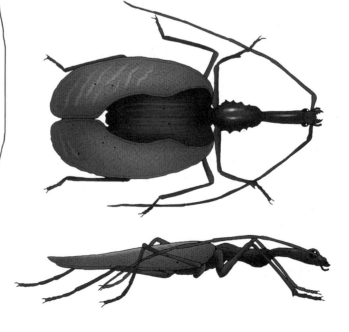

只顾着担心螳螂等大型肉食昆虫了，却没想到这些东西。

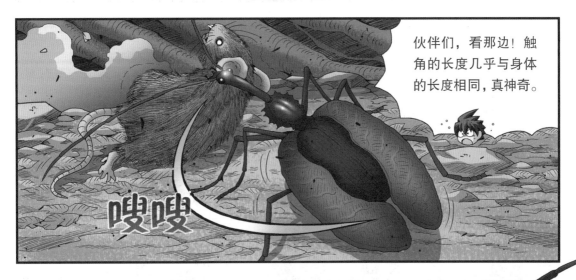

伙伴们，看那边！触角的长度几乎与身体的长度相同，真神奇。

好稀奇，我们仔细看看吧？

小宇，不要！快点退后！

嗯？

咦嘿

噗

这是干什么呀？

没事吧？

咿呀呀，好痒好痒！

呼嗒嗒嗒

哎哟喂，真是的。我不是让你别过去吗！

吵死了！你怎么不早点告诉我！

你每天都要拿我当借口吗？

喂，换个立场想想吧。在遇袭的那一刻告诉我有什么用？

又吵起来了……

刚才琴步甲喷出的是毒液吗？

嗯。

琴步甲感知到危险时会从腹部末节的分泌腺中喷出散发着刺激性气味的液体。这种液体酸性很强，可以导致小动物死亡，人的眼睛如果接触到这种液体，将会非常危险。它跟生活在东南亚地区的屁步甲相似。

啊，抱歉，我还以为……

哇啊啊，我不过是想问路，你们这是要干什么呀？

屁步甲

琴步甲

可不是！谁知道还有多少我们从未见过的基因突变生物呢？

哎呀，怎么突然变得这么伤感啊？大家打起精神来！

好大的蜘蛛网！

是不是圆蛛的网？听说它们织的蜘蛛网宽度超过 20 米，能横跨一条河。

不是，你说的那是生活在非洲马达加斯加岛上的达尔文吠蛛。婆罗洲热带雨林中的蜘蛛所织的网没有直径 3 米以上的。这肯定又是突然变异导致的。

到底织了多宽啊？

这个地区的突然变异尤为严重啊。

世界上最扁的甲虫

属于步甲科的琴步甲体长最长可达 10 厘米，是生活在地球上的步行虫中块头最大的。但它们身体的厚度却极小，仅有 0.5 厘米。琴步甲充分利用其扁平的身体藏在树叶、树皮或菌类之间捕食经过的小昆虫。它的身体看上去像小提琴，腹部被半透明前翅覆盖着，前翅已退化，所以不能像其他步行虫一样飞行。

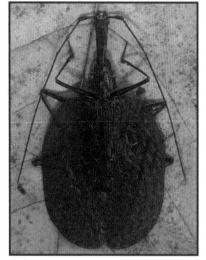

婆罗洲琴步甲
（Mormolyce phyllodes）

强力的防御武器

琴步甲感觉到危险时，会从腹部末节的分泌腺中喷出散发着刺激性气味的强酸液体。人的皮肤接触到这种毒液会有火辣辣的痛感，小动物可能会因此而死亡。

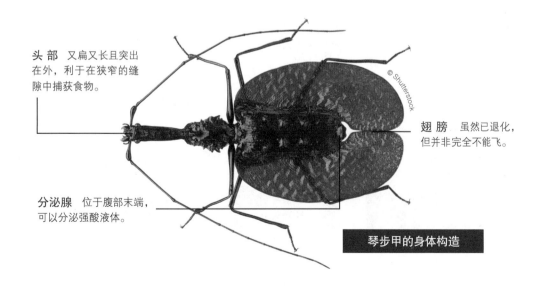

头 部 又扁又长且突出在外，利于在狭窄的缝隙中捕获食物。

翅 膀 虽然已退化，但并非完全不能飞。

分泌腺 位于腹部末端，可以分泌强酸液体。

琴步甲的身体构造

螳螂的产卵

螳螂的卵鞘 以卵鞘状态越冬,春季孵化。

雌螳螂结束交配后会马上开始产卵。它们将自己倒挂在树皮或树枝上,然后慢慢地抽动腹部末端并向左右摆动。腹部末端会咕噜咕噜地冒出泡沫状的物质。这些泡沫是位于生殖器旁边的胶原蛋白腺排出的。接着,螳螂把米粒状细长的卵分成四列产在泡沫上,然后再在上面吐出泡沫。这些泡沫和空气一接触就会变成柔软的海绵状纤维物质,之后很快凝固。这种纤维物质充满了卵和卵之间的空隙,并包裹在卵周围形成卵鞘。卵鞘不仅可以防止卵被其他动物吃掉,还有优越的保温能力,使卵能够安然过冬。

不完全变态的螳螂

螳螂不经过蛹的阶段,由若虫直接进化成成虫,属于不完全变态。进行不完全变态的若虫和成虫的长相相似,在成长中要经过多次蜕皮才能变成成虫。

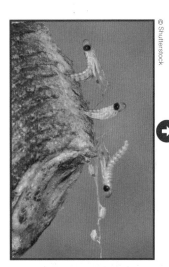

从卵鞘中出来的预若虫 是若虫的前一阶段,与成虫完全不一样。

一龄若虫 预若虫尾巴末端垂下细长的线并倒挂在上,经过蜕皮后变成一龄若虫。

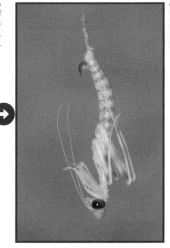

和成虫相同的若虫 成长过程中身体会变大几倍,经过6~7次蜕皮后变成成虫。

第３章　人面蜘蛛

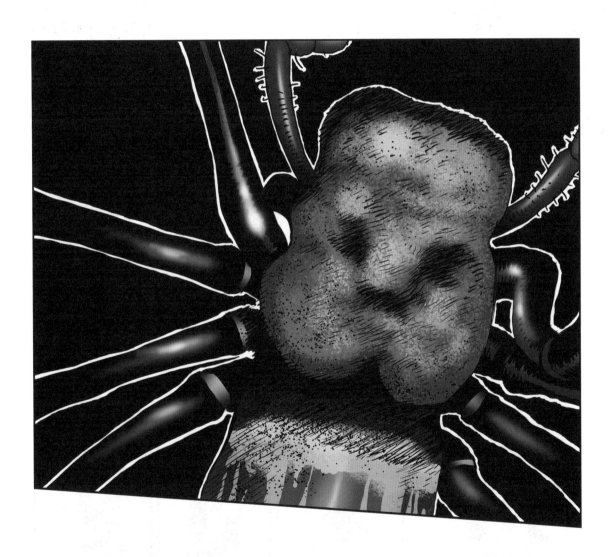

究竟是什么样的蜘蛛能够抓住 2 米多长的蛇呢？

那么大的蟒蛇应该是突然变异导致的。

捕蛇的蜘蛛其实还挺多的。

比如美洲的黑寡妇蜘蛛、非洲的纽扣蛛和大洋洲的横带人面蜘蛛等。

黑寡妇蜘蛛

纽扣蛛

横带人面蜘蛛

这是被蜘蛛的消化液腐蚀后剩下的。腐烂程度不算严重，看来它没死多久。

是啊，这种蛇主要是在晚上出来活动嘛。

啊，那么蜘蛛有可能藏在这附近了！

叮

蜘蛛网闪耀着金黄色光，螺旋状伸展的纬线结构不规则，这好像是人面蜘蛛……

我也是同样的想法。

婆罗洲人面蜘蛛的雌蛛躯干
长度为 5 厘米，加上腿的长
度最大可超过 20 厘米，是世
界上最大的蜘蛛之一。

从蜘蛛网的厚度和面积来
看，这只人面蜘蛛至少变
大了三倍。

那里面也布满了
蜘蛛网，看来附
近的蜘蛛不是一
两只啊。

要想从这里过去
非常困难。

太恐怖了。

是啊，绕路走吧。

横带人面蜘蛛的网是
地球上天然纤维中最
坚硬最有韧性的。

蜘蛛网的主要成分是氨基酸，并含有 5%~6% 的水分。因为是由许多强韧的细丝连接在一起而构成的，所以拥有超强的硬度和弹力。

在重量相同的情况下，比防弹服材料凯芙拉合成纤维更有韧性，比钢铁坚硬五倍以上。

哇啊！

啪嗒

啪嗒

嚯嚯，绝对挣脱不掉的，还是放弃吧。

哇啊啊！

蜘蛛侠可不是白叫的！

也许因为突然变异，蜘蛛网变得更坚固了。

啊啊啊啊啊

尖叫声!

是人的叫声!

好像是从前面传来的。

看来有人遇到危险了。

哇!

匆忙前去可不行,也许连我们也会陷入危险之中。

但是……

稍等一会儿,小明。

干什么?

给，每人拿一支火把。

我的呢?

阿拉，你得用弹弓阻止蜘蛛靠近。

嗯!知道了。

有了火把，心里踏实多了。

是吧!

这里离村子大概有50米，我们要迅速地冲过去。

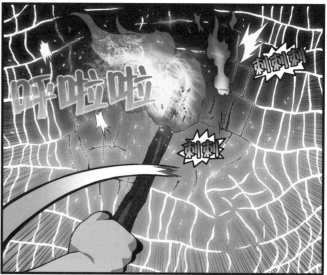

呼啦啦

刺刺刺

刺刺

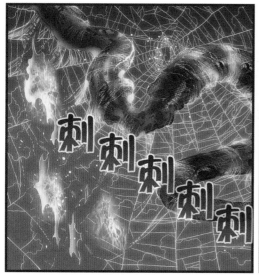

刺刺刺刺刺

刺刺

刺刺刺

嘭

嘿咦！

刺刺刺

咕嘟。

几乎所有树上都
结着蜘蛛网。

蜘蛛视力不好，要靠蜘蛛网
的震动来感知猎物的方位，
大家千万小心别碰到。

说不定什么时
候蜘蛛会突然
跳出来吧。

这里的蜘蛛网太密了，不能走。

那往哪边走呢？

往这边走吧。

嘟嘟

唰啦

啦

啦

妈呀

是人面蜘蛛!

哎哟

打得好！

这是人面蜘蛛吗？好大的个头！

没事吧？

阿拉，你都快成神射手了啊？

变大五六倍了！

嗯，走吧。

嗯？

这是什么？完全织成了一个帐篷嘛！

刺刺

刺刺刺

蜘蛛网织了好几层，为什么要这样呢？

呼啦啦

呼啦啦啦啦

别管了，先解决掉它。

呼啦啦啦

老天啊！

咦？

那些橙色的东西是什么？

这是人面蜘蛛的产卵地。

你说什么？

人面蜘蛛

像人脸的人面蜘蛛背部

人面蜘蛛广泛分布于亚洲、非洲、美洲和大洋洲温暖的地区，种类繁多。已发现的雌蛛躯干最长可达 7 厘米，加上腿的长度接近 20 厘米。雄蛛比雌蛛小很多，还不到 2.5 厘米。2012 年在大洋洲曾拍摄到一只雌人面蜘蛛捕食 50 厘米长的蛇的照片，一度成为人们热议的话题。

金黄色的蜘蛛网

人面蜘蛛织的网复杂而结实，在阳光照射下会发出金色的光芒。网的中心向四周有放射状的经线（垂直织就的线）和螺旋状伸展的纬线（水平织就的线），最外围有一圈边线。纬线上的黏液是捕食的最好暗器。

人面蜘蛛（Nephila pilipes）

蜘蛛丝的秘密

© Shutterstock

人面蜘蛛的纺绩突

吐蜘蛛丝的纺绩突是由腹部的附肢变形而来的，位于腹部末端的肛门正前方。一般来讲，蜘蛛有3对纺绩突，但也有长着1对、2对或4对纺绩突的蜘蛛，甚至有的长着7个。每个纺绩突的末端都有许多个与丝腺相连且能吐出蜘蛛丝的吐线管。丝腺占据了下腹部的大部分，共有9种，其功能各异。蜘蛛最先制造出的是液体形态的蛋白质，通过纺绩突吐到空气中时会变成坚硬且有韧性的固体丝。纺绩突可以调节蜘蛛丝的粗细和黏性，吐出的丝有很多种类，有的丝是构成蜘蛛网的基础，有的丝供蜘蛛自己行走，有的丝黏性强，利于束缚猎物。

强韧坚硬的蜘蛛丝

蜘蛛丝非常强韧，同时非常纤细。一般来讲，圆蛛类蜘蛛的丝直径仅为0.00003厘米，不到蚕丝直径的十分之一。蜘蛛丝比同样直径的钢铁坚硬，比尼龙的弹性好两倍。蜘蛛丝还耐高温，虽然吸收水分后会膨胀，但干燥后又能重新恢复到原来的状态。另外，蜘蛛丝本身具有酸性，可以阻止病菌或细菌的侵入，所以蛛丝寿命长达数年。

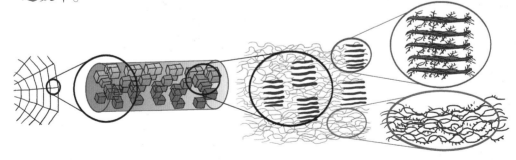

蜘蛛丝的分子结构 蜘蛛丝具有双重结构，红色部分与强度相关，蓝色部分与伸缩性相关。

第4章　人面蜘蛛的产卵地

那就掉头往回走吧。

沙沙沙

它们已经把入口封住了。

啊！

那这些是蜘蛛的卵囊吗？

嗯。

人面蜘蛛在地上产卵，它们在地上挖洞并织好蜘蛛网，然后产下数百枚卵并用气泡和蜘蛛网制成卵囊，有时也会用树叶覆盖在上面进行伪装。

雌蛛会一直守着卵囊等待卵的孵化，有的会这样慢慢饿死。

我们不知道这是蜘蛛的产卵地就闯进来，它们会不会对我们发起攻击啊？

在这么狭窄的地方聚集了这么多卵囊，很不正常。

72

嗯？

嘟嘟！

什么呀？

嘟嘟！

嘟！

嘟嘟嘟

嘟嘟

嘟嘟

啊啊啊啊

小蜘蛛在往外蹦！

咕咕咕

唰啦

啦

啦

啦

小蜘蛛怕自己被吃掉，所以都在逃跑呢。

蜘蛛吃同类的吗？

都是些突然变异的蜘蛛，不管不行啊！

没错！

虽然不忍心但也没办法，都烧掉吧。

呼啦啦啦

呼啦

刺刺刺

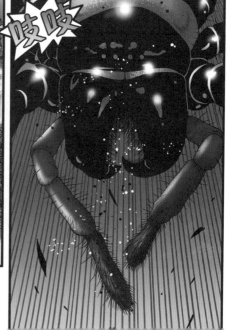

吱吱

蜘蛛们发火了！
往这边爬过来了！

大约有二十多
只的样子，怎
么办呢？

没必要
害怕。

远离蜘蛛网，
对我们更有利。

你们快点帮我把落
叶扫开，除了用火
烧，别无他法了。

好的，我们
也来帮忙。

大家点燃自己
面前的落叶！

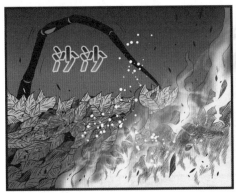

成功了！它们在向后退！

现在高兴还太早了些。

落叶烧不了多久，趁还有火星的时候赶紧突围吧！

知道了！

啪啪

啪

啪

啪啪

啪啪

啪

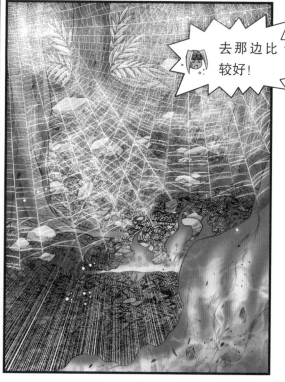

去那边比较好！

趁现在,快跑!

行了!
散开了!

我来争取时间，快点把路开通！

嗯！

小明，快跟上！

马上就来！

这里有个人！

刚才的尖叫声可能就是这孩子发出的。

呃……

快点救她吧！

她好像失去知觉了！

你负责看着周围的动静。

嗯。

嘟嘟

嘟嘟嘟

沙沙沙

你没事吧？

哎呀，她被蜘蛛咬伤了！

蜘蛛追上来了，你们还站在这里干什么呢？

我们救了一个小女孩。

小女孩？

哦？这不是艾美吗？

果然是村子里的人。

蜘蛛追上来了。

艾美没事吧?

沙沙沙沙

看周围,我们被完全包围了!

这么快?

萨利玛,你把她放在我背上。

现在不需要火把了！

嗬!

唰

唰

嘟嘟嘟

这些家伙在作最后的挣扎呢!

！

是熊岩石!终于到了!

嗯?

蜘蛛多样的卵囊

交配时雌蛛会在受精囊中保管雄蛛的精子，待卵产出时完成受精。一次产卵的数量因蜘蛛种类的不同而有差异，少则1枚多则3000枚，但平均为200枚。所有的蜘蛛都会用蜘蛛网把卵包裹起来制成卵囊并进行保护。

地中海黑寡妇蜘蛛 虽然是毒蜘蛛，但对人类并不致命。性格残暴，对卵的保护很执着。

狼蛛 因为是徘徊性蜘蛛，所以把卵囊挂在纺绩突上行走。小蜘蛛孵化后便会爬到雌蛛的背上。

刚孵化的小人面蜘蛛

人面蜘蛛 雌蛛对卵囊的保护非常小心，有些会一直守护卵囊直到小蜘蛛孵化出来。卵囊是橙色的，颜色会越变越深。

第5章 营地被袭击

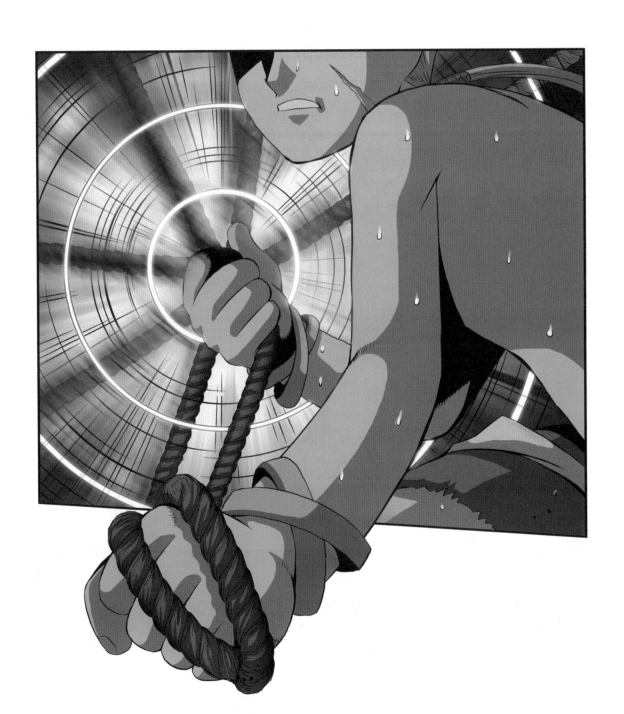

这是怎么回事啊?

虽然是亲眼所见,但仍不敢相信。

村子里居然到处是突然变异的螳螂!

吱吱

吱吱吱

而且还不是刚才遇到的那种马来树叶螳螂。

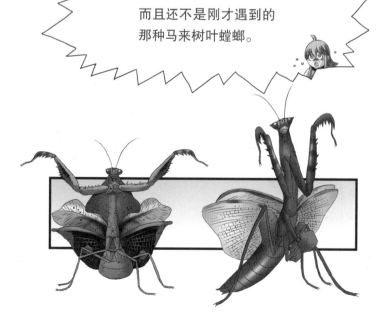

小宇好像猜对了,火是村民故意放的。就是为了阻止这些家伙吧。

啊，累死了。

怎么样？这栋长屋没事吧？

不知道屋里有没有人，不过这栋长屋看起来完好无损。外墙用竹子进行了加固，应该是某种防御措施吧。

那样的话真是万幸。

咦？蜘蛛没追过来呀？

沙沙沙沙沙

看来是螳螂的缘故。

现在可以不用担心蜘蛛了。

那是枯叶螳螂的一种，从它后翅上用来威胁对手的巨大眼状纹来看，那显然是眼镜蛇枯叶螳螂。

眼镜蛇？名字很有杀气呢。

英语叫 deroplatys truncata。

直到现在我才明白，因为其他动物都消失了，螳螂找不到食物就跑到村里来进攻人类了。

人面蜘蛛应该也是让动物们消失的原因之一。

长屋附近的螳螂应该超过十只。我们怎么才能进去呢？

没有别的办法，尽最大可能迅速突围吧！

可是背着个孩子跑到长屋另一侧的入口有点困难。

假如屋里有人能帮忙的话，我们可以从窗户进去。

好办法，但我们得通知屋里的人我们在这里吧？

发送信号给他们。

用弹弓打那扇窗户，连打几次，会引起屋里的人的注意并且向外看。那时我们再跑出去。

嗯，目前来看这个方法是最可行的。

小明，我来背这个孩子。棍比刀更长，更有利于抵挡螳螂。

嗯，好的。

十秒内用弹弓打三次就可以了吧?

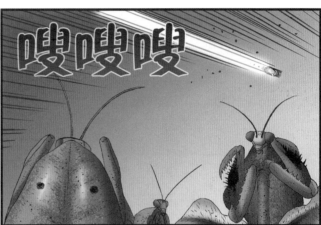

好像有人靠近窗边了，再打一次。

知道了。

窗户开了!

嘎吱

是谁呀? 是艾美吗?

里面果然有人!

吱吱吱

咦, 原来是你们这些家伙!

滚开! 你们这些阴魂不散的家伙!

吱吱

嘭!

嘭!

嘭!

吱吱

嘭!

叔叔，这里！

哦？

啊，是孩子们！

扑腾
扑腾

扑腾
扑腾腾

吱吱

嘎吱
嘎吱
嘎吱
嘎吱
吱吱
吱吱吱

狼毒的家伙们。

居然会吃同类。

啪
嚓
哎

吱吱
啪
吱吱吱
啪 啪
吱吱
啪 啪
啪

大家快点！又涌过来好多螳螂！

靠一个人的力量是不可能突围的。

嗨！
嗨！

嘭
？

哗
啦
啦
啦

吱吱

呼呼呼 嗒
嗒
嗒

怎么突然着火了？

呼啦

吱吱

嘭

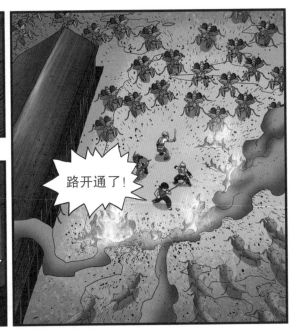

路开通了!

孩子们,快往这边来!

在它们追上来之前,大家赶快!

快跑!

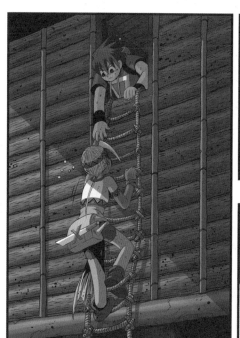

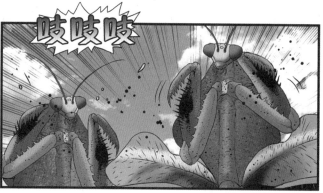

吱吱吱

咔嚓

吱吱

吱吱 嚓 嚓 吱吱 嚓 嚓嚓嚓

哇啊，真厉害！

嘭

阿伦，你也快点上来！

！

嚓

昆虫的眼状斑纹

身上长着眼状斑纹的昆虫在察觉到危险来临时会突然露出斑纹，以此吓跑敌人。不过，斑纹的作用因其面积大小的不同而有差异。小块的眼状斑纹的作用正好相反，用于吸引敌人进攻的注意力。只要身体的要害部位不受伤，被攻击的昆虫仍然可以捡回一条命。长有眼状斑纹的昆虫有枯叶螳螂、角蝉、天蚕蛾和蝈蝈等，其中最有名的当属天蚕蛾。

勾背枯叶螳螂的眼状斑纹

击退天敌的眼睛

生活在中南美洲的天蚕蛾在天敌出现时，会突然张开前翅露出隐藏在后翅上的巨大眼状斑纹。多数情况下，天敌会被突然出现的猛禽眼睛吓跑。眼状斑纹可以吓跑鸟类，这已经通过多次实验得到了证实，而且斑纹越大效果越明显。一个有趣的事实是，就连没有被猛禽攻击过的鸟类也会被眼状斑纹吓得掉头就跑。

天蚕蛾的眼状斑纹

第6章　准备撤离

你爸爸没有在约定的日期到我们这里，我非常担心。原来是发生了这样的事。

你们能找到这里来，真是辛苦了。

叔叔，请帮帮我爸爸。

当然啦，不要担心。

博士，最后一只木筏今天晚上能做好。

太好了，那明天凌晨就能出发了，爸爸。

就这么办！

谢谢叔叔！

哥哥，这里为什么没有船啊？

有两只，但现在都在别的地方。所以我们做了三只木筏来代替。

陆路因为突然变异生物的大量出现而变得异常危险。

咦？

好像少了一些人。莫非……

是啊，没错。

村里已经有六个人不幸遇难了，包括身体虚弱的老人，也有孩子。不过他们并不都是因为螳螂而遇害的。幸运的是，在村子受袭的前一天，一半多的村民转移去了猎场。

村里现在有十五个人，三名无国界医生组织的医生、五名年轻人，另外七人是老人和孩子。

对面的长屋为什么着火呢？

螳螂第一次出现是在三天前，只有几只而已。可是两天前，数量突然剧增。

所以今天早上阿伦和战士们把被困在对面长屋里的人带到这边来了。

哎，那是?

他们发现长屋的地板下面悬挂着巨大的螳螂卵鞘，所以才点了火。

艾美受到惊吓，被螳螂追赶着进了丛林，落后了一步。

可是你们去哪儿找做木筏的材料呢?又出不去。

材料很充足，不用担心。

你们来看。

天哪，不会吧！

四周究竟有多少只螳螂在盯着我们呢？

大约有一百多只，这还不包括螳螂幼虫。

一百多只？

再加上螳螂幼虫的话……

这里看到的都是些大家伙，幼虫和小些的都藏在周围的树丛中呢。

哥哥们，你们都在这里啊！

哎，萨利玛！

让你为我们担心了，抱歉！因为我受到了塔兰托毒蛛的攻击……

村里的人都为你们担心，大家没事真是万幸。

能在这里看见你真高兴呀。

她是不是喜欢这位哥哥啊？

……

喂

就算有木筏，但我们如何能安全地到达江边呢？

做得很结实啊。

不用担心，你们马上就会知道。

喂，你哥哥原来这么爱装酷吗？

你才爱装呢。

嘀嘀

咕咕

你还是大声说吧，我都听见了。

……

爸爸，走出雨林后我们要告诉政府部门尽快把引起生物突然变异的陨石处理掉。

以后突然变异的动物们也会全部死掉吧?

肯定会那样的啦。

就得从根上解决。

119

不，人类不能介入。要相信自然的治愈力，不要干涉它们。

啊？

为什么？

突然变异体已经打破生态系统的秩序了呀？

如果因为这样就喷洒杀虫剂之类的东西，会对自然造成更大的破坏。

孩子们，你们好好想想，为什么昆虫会成为地球上数量最多的动物群体？

首先，因为昆虫个头小便于隐藏自己，而且它们吃得少容易生存下来。

所以你们才不能大量繁殖嘛。

你们吃那么一点点怎么行啊？

咔嚓

咔嚓

呼噜

昆虫卓越的环境适应能力

目前人类已知的昆虫超过100万种，占地球上所有动物种类的75%左右。仅以数字来看，甚至可以说地球的主人是昆虫。昆虫如此繁盛的原因是什么呢？

●**结构上的优点** 构成昆虫外骨骼的甲壳质轻且有韧性，它能防止体内的水分蒸发，却又可以允许少许气体性物质通过，因此可以很好地保护内脏器官不受外界不良环境的伤害。翅膀的用处是迅速让自己离开不利的环境，选择适合的新环境。小体型只需要少量食物和狭小的空间，所以随时能给自己补充能量和自由活动。

●**短暂的一生和分段式的生长阶段** 昆虫的一生非常短暂，成长过程可分为幼虫、蛹和成虫三个阶段。短暂的一生意味着世代交替相对快速和基因突变的可能性提高。这正是造成昆虫多样性的因素之一，同时也是它们能适应多样环境的原因。生长过程分化为成长和生殖两个阶段。

●**多 产** 以苹果果蝇为例。苹果果蝇的生命周期约为2周，一年可以延续25代。一只雌蝇平均可产100枚卵，性别比例为1：1。也就是说第一代的一对果蝇能产下100只第二代（雌雄各50只），第三代的数量增加为5000只（50×100），一年后的第25代的数量约为1.192×10^{41}只。

●**超越想象的能力** 人类要举起相当于三倍体重的东西很吃力。但金龟子能举起相当于自身体重200倍以上的物体，还创下过拖动相当于自身体重800倍物体的纪录。这相当于体重为75千克的人要举起15吨的重物和拖动60吨的重物。

第 7 章　木筏的秘密

阿拉。

小明爸爸说那些突然变异体会自然消失，我不相信。

起初我也不相信，但仔细想想觉得确实有可能。

那些肉食昆虫变大后，别说把身体隐藏起来狩猎了，就算想要在茂盛的草木中移动都很费劲。作为捕食者的竞争力大为下降。

这个傻子，还不如举着广告牌走呢。

嘿嘿……

……

而对于食草昆虫来说，变大的身体器官需要摄取大量的食物，并且易于被天敌发现。

啊哈，好吃的还闪着亮光呢！

该死，我喝不到蜜汁了！

哎呀，无处可藏了。

所以根据适者生存的法则，它们会被自然淘汰的。

那我们也不能两手一撒什么都不做呀。

如果它们可能对人类造成伤害，我们必须采取措施，尤其是对村子周围的那些。

那是当然的了。

挂在木筏上的绳结是什么嘛？告诉我好不好？

呃呃，真烦人！

哎哟，哥哥你不要太保守了。

看一眼就猜出来了，你和某人很不一样啊。

刺痛

谁不知道啊！你说这里藏着能抵挡螳螂的秘密，我很纳闷才问的。

噗哈哈哈

秘密解开了！

真的？那是什么？

嘻嘻

以木筏当盾牌，挡在左右两边和后面，然后慢慢向江边移动。

怎么样？对吧？

哼，你也不是完全没眼光嘛。

怎么会想到这么好的办法？真了不起！

这有什么……

不愧是部族最厉害的战士。

那我呢？

阿伦哥，木筏需要六个人抬着才能走吧？

是的。首先要选出在前方开路的人，除了我还需要两个。

哥哥

头，头！

腰！

脖子！

喂，你干什么？

嗑

嗑

嗑

嗑

胸！

……

别表现得这么明显啊。

他又不是头一次了！这是想要帅呢，真是。

什么？

哎哟，别说了。你们不称赞他，怎么还打击他呢？

你们不知道打头阵是最危险的吗？

咔咔！

哥哥，还是你最好！

啊！！

紧抱

和这种小心眼的人同行，你不知道我有多么辛苦！

原来他们那样对你是有原因的。

太好了！大家都站好！看起来很不错嘛！

我在最前方开路，你们俩帮我解决从两旁冲过来的家伙。

我们必须和木筏保持适当的距离。

交给我吧。

放心吧，哥哥。

阿拉照顾好老人，瞅准机会用弹弓帮忙。

是，哥哥。

抬着木筏的各位，不管发生什么事情都不要让木筏倒下。

假如前进有困难，可以就地停下把木筏竖在地上用身体撑住。

知道了。

大家齐心协力就可以了。

思路真清晰啊！萨利玛真幸运，有位好哥哥。

这是剩下的火焰瓶和爆竹。

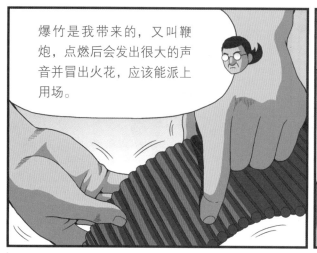

爆竹是我带来的，又叫鞭炮，点燃后会发出很大的声音并冒出火花，应该能派上用场。

阿拉能拿得了这些吗？

哎？我吗？

嗯，我们中间只有你拿最合适了。

需要用的时候我会告诉你，你不用觉得有负担。

是，我试试看吧。

大家应该累了，闭上眼睛休息到拂晓吧。

还有三四个小时。

不过怎么睡得着呢？

睡一会儿吧？

他什么时候睡着的？

呼噜噜

外面没螳螂！
真幸运！

133

该死！它们这么快就爬过来了。

籁籁　籁籁

螳螂成群结队地爬过来了！

长屋

　　长屋常见于婆罗洲岛、苏门答腊岛、印度的阿萨姆邦和北美的印第安地区，是一种单层联合建筑，使许多户人家能共同生活在一起。长屋的长度一般在 100 米以上，被墙壁隔成很多空间，以宽走廊相连。

乌鲁族的长屋　高柱子上刻有非常独特的花纹。

伊班族的长屋　婆罗洲的伊班族在过去以勇猛而著称。有一栋长屋里曾经生活着 60 多个家庭。

第8章 开始突围

该死，比想象的来得更快，而且数量更多！

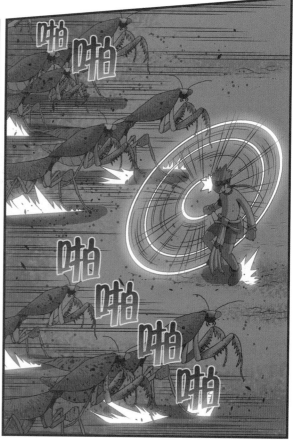

141

大家守好自己的位置！

好的，知道了。

爸爸，
可以了。

……

阿伦，出发！

知道了!
出发!

啪 啪 啪

啪
啪
咬咬
啪 啪
啪 啪
咬咬
咬咬

爸爸,两边速度不一致的话队伍会变形的,还是喊着口令走吧。

哦,好办法。

博士！

螳螂群涌过来了，小心！

倒下就完蛋了。大家不要害怕，使劲推木筏。

148

嗒嗒嗒

哗啦啦啦

好！冲散了！

吭味

继续前进！

看来它们很久没吃东西了！疯了一样扑上来。

吱吱吱

小明，当心！

有一群朝着你那边过来了！

知道了！

别害怕！我会加快突围的，跟紧我！

咔呃呃……

停下！

木筏间的距离拉开太大了！

咣 咣 咣 咔嚓

一定要挺住！

阿伦哥哥，无法再向前移动了！

嗡 嗡 嗡

萨利玛，小宇！这样不行，去木筏里面躲一下。

哎！

嗒 嗒 嗒

知道了！

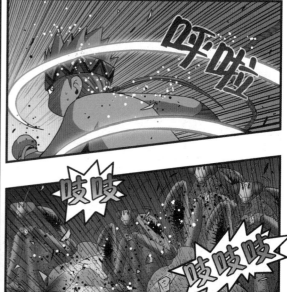

呼呼

吱吱

吱吱吱

多种多样的枯叶螳螂

　　前胸向两侧扩展，看上去像一片落叶，故得名枯叶螳螂。主要生活在东南亚，共有13种，不同种类的枯叶螳螂，以前胸上方背板的形状来区分。婆罗洲热带雨林中生活着菱背枯叶螳螂、勾背枯叶螳螂和眼镜蛇枯叶螳螂等。

勾背枯叶螳螂（Deroplatys desiccata）　是最大的枯叶螳螂。雌螳螂体长 7.5~8 厘米，雄螳螂体长 6.5~7 厘米。翅膀上有巨大的眼状斑纹。

菱背枯叶螳螂（Deroplatys lobata）　雌螳螂体长 6.5~5 厘米，雄螳螂体长约 4.5 厘米。和勾背枯叶螳螂及眼镜蛇枯叶螳螂一样，都属于能人工养育的种类。

翅膀大张的眼镜蛇枯叶螳螂（Deroplatys truncata）　用翅膀上的巨大眼状斑纹来威胁敌人。

摆出威胁姿势的眼镜蛇枯叶螳螂（Deroplatys truncata）　眼镜蛇枯叶螳螂前胸上方背板的形状接近三角形。

第 9 章 冲出螳螂谷

阿伦，现在怎么办？

咣

咣

呼！

呼！

呼！

呼！

等一下，让我先喘口气！

呼！

咔咔

吱吱

吱吱吱

好可怕！

咣

咣

咣

咣

咣

咣

这样下去我们还能坚持多久？

大家打起精神来！
一旦陷入恐惧之
中，就可能作出错
误的判断！

大家都要活下
去，全部！

不要只是担心，大家
使劲推木筏！

161

阿伦哥哥，现在除了用爆竹和火焰瓶，没有别的办法了。

小宇说的没错。用爆竹把螳螂冲散，我们可以趁机突围。火焰瓶在紧急关头再用。

好的，就这么办吧。

咣 咣

咣

咣

咣

爆竹还挺长的，分成两半吧！

这样就变成了四段，每一个木筏后面都扔一个，剩下一个向正前方使劲扔。

啪嗒

OK，为了达到最佳效果，大家一起扔！

最后一个阿拉到前面扔。

是，哥哥。

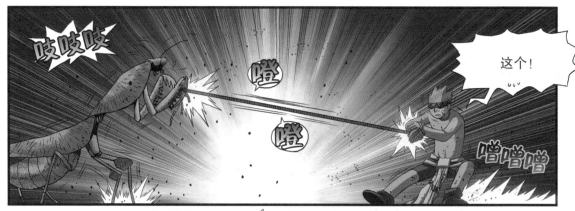

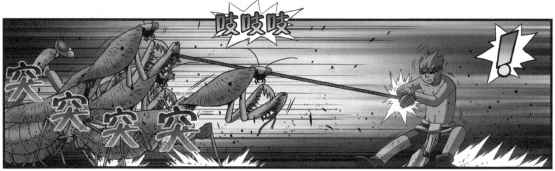

阿伦哥哥！现在怎么办？

呼！

呼！

时间拖得越久对我们越不利！

！

行动

萨利玛、小宇，听好了！不要迟疑，必须一鼓作气冲出去！

离河畔没有多远了。

是！

呀呀啊

169

就快到了！

看见江了！

嗒嗒嗒嗒嗒

这下有救了!

不要放松警惕!

在木筏漂到江上之前不能掉以轻心!

大家赶快!

嗨哟!

嗨哟!

孩子们，你们先下去！

《热带雨林历险记》大结局。
谢谢大家一直以来的厚爱。